崧燁文化

曹永忠

U0070445

Ameba程式教學
(MQ氣體模組篇)

Ameba RTL8195AM Programming
(MQ GAS Modules)

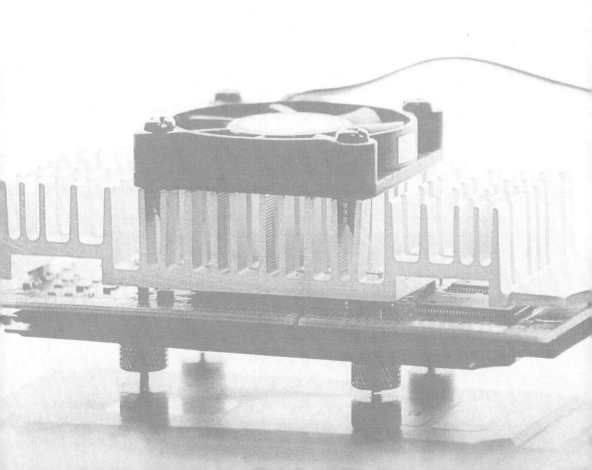

自序

Ameba RTL8195AM 系列的書是我出版至今四年多，出書量也破九十本大關，專為瑞昱科技的 Ameba RTL8195AM 開發板謝的第一本教學書籍，當初出版電子書是希望能夠在教育界開一門 Maker 自造者相關的課程，沒想到一寫就已過四年，繁簡體加起來的出版數也已也破九十本的量，這些書都是我學習當一個 Maker 累積下來的成果。

這本書可以說是我的書另一個里程碑，之前都是以專案為主，以我設計的產品或逆向工程展開的產品重新實作，但是筆者發現，很多學子的程度對一個產品專案開發，仍是心有餘、力不足，所以筆者鑑於如此，回頭再寫基礎感測器系列與程式設計系列，希望透過這些基礎能力的書籍，來培養學子基礎程式開發的能力，等基礎扎穩之後，面對更難的產品開發或物聯網系統開發，有能游刃有餘。

目前許多學子在學習程式設計之時，恐怕最不能了解的問題是，我為何要寫九九乘法表、為何要寫遞迴程式，為何要寫成函式型式…等等疑問，只因為在學校的學子，學習程式是為了可以了解『撰寫程式』的邏輯，並訓練且建立如何運用程式邏輯的能力，解譯現實中面對的問題。然而現實中的問題往往太過於複雜，授課的老師無法有多餘的時間與資源去解釋現實中複雜問題，期望能將現實中複雜問題淬鍊成邏輯上的思路，加以訓練學生其解題思路，但是眾多學子宥於現實問題的困惑，無法單純用純粹的解題思路來進行學習與訓練，反而以現實中的複雜來反駁老師教學太過學理，沒有實務上的應用為由，拒絕深入學習，這樣的情形，反而自己造成了學習上的障礙。

本系列的書籍，針對目前學習上的盲點，希望讀者從感測器元件認識、、使用、應用到產品開發，一步一步漸進學習，並透過程式技巧的模仿學習，來降低系統龐大產生大量程式與複雜程式所需要了解的時間與成本，透過固定需求對應的程式撰寫技巧模仿學習，可以更快學習單晶片開發與 C 語言程式設計，進而有能力開發出原有產品，進而改進、加強、創新其原有產品固有思維與架構。如此一來，因為學子們進行『重新開發產品』過程之中，可以很有把握的了解自己正在進行什麼，對於學習過程之中，透過實務需求導引著開發過程，可以讓學子們讓實務產出與邏輯化思考產生關連，如此可以一掃過去陰霾，更踏實的進行學習。

　　這四年多以來的經驗分享，逐漸在這群學子身上看到發芽，開始成長，覺得 Maker 的教育方式，極有可能在未來成為教育的主流，相信我每日、每月、每年不斷的努力之下，未來 Maker 的教育、推廣、普及、成熟將指日可待。

　　最後，請大家可以加入 Maker 的 Open Knowledge 的行列。

曹永忠 於貓咪樂園

自序

　　記得自己在大學資訊工程系修習電子電路實驗的時候，自己對於設計與製作電路板是一點興趣也沒有，然後又沒有天分，所以那是苦不堪言的一堂課，還好當年有我同組的好同學，努力的照顧我，命令我做這做那，我不會的他就自己做，如此讓我解決了資訊工程學系課程中，我最不擅長的課。

　　當時資訊工程學系對於設計電子電路課程，大多數都是專攻軟體的學生去修習時，系上的用意應該是要大家軟硬兼修，尤其是在台灣這個大部分是硬體為主的產業環境，但是對於一個軟體設計，但是缺乏硬體專業訓練，或是對於眾多機械機構與機電整合原理不太有概念的人，在理解現代的許多機電整合設計時，學習上都會有很多的困擾與障礙，因為專精於軟體設計的人，不一定能很容易就懂機電控制設計與機電整合。懂得機電控制的人，也不一定知道軟體該如何運作，不同的機電控制或是軟體開發常常都會有不同的解決方法。

　　除非您很有各方面的天賦，或是在學校巧遇名師教導，否則通常不太容易能在機電控制與機電整合這方面自我學習，進而成為專業人員。

　　而自從有了 Arduino 這個平台後，上述的困擾就大部分迎刃而解了，因為Arduino 這個平台讓你可以以不變應萬變，用一致性的平台，來做很多機電控制、機電整合學習，進而將軟體開發整合到機構設計之中，在這個機械、電子、電機、資訊、工程等整合領域，不失為一個很大的福音，尤其在創意掛帥的年代，能夠自己創新想法，從 Original Idea 到產品開發與整合能夠自己獨立完整設計出來，自己就能夠更容易完全了解與掌握核心技術與產業技術，整個開發過程必定可以提供思維上與實務上更多的收穫。

　　Arduino 平台引進台灣自今，雖然越來越多的書籍出版，但是從設計、開發、製作出一個完整產品並解析產品設計思維，這樣產品開發的書籍仍然鮮見，尤其是能夠從頭到尾，利用範例與理論解釋並重，完完整整的解說如何用 Arduino 設計出一個完整產品，介紹開發過程中，機電控制與軟體整合相關技術與範例，如此的書籍更是付之闕如。永忠、英德兄與敝人計畫撰寫 Maker 系列，就是基於這樣對市場需要的觀察，開發出這樣的書籍。

　　作者出版了許多的 Arduino 系列的書籍，深深覺的，基礎乃是最根本的實力，所以回到最基礎的地方，希望透過最基本的程式設計教學，來提供眾多的 Makers 在入門 Arduino 時，如何開始，如何攥寫自己的程式，進而介紹不同的週邊模組，主要的目的是希望學子可以學到如何使用這些週邊模組來設計程式，期望在未來產品開發時，可以更得心應手的使用這些週邊模組與感測器，更快將自己的想法實現，希望讀者可以了解與學習到作者寫書的初衷。

　　　　　　　　　　　許智誠　　於中壢雙連坡中央大學　管理學院

自序

隨著資通技術(ICT)的進步與普及，取得資料不僅方便快速，傳播資訊的管道也多樣化與便利。然而，在網路搜尋到的資料卻越來越巨量，如何將在眾多的資料之中篩選出正確的資訊，進而萃取出您要的知識？如何獲得同時具廣度與深度的知識？如何一次就獲得最正確的知識？相信這些都是大家共同思考的問題。

為了解決這些困惱大家的問題，永忠、智誠兄與敝人計畫製作一系列「Maker系列」書籍來傳遞兼具廣度與深度的軟體開發知識，希望讀者能利用這些書籍迅速掌握正確知識。首先規劃「以一個 Maker 的觀點，找尋所有可用資源並整合相關技術，透過創意與逆向工程的技法進行設計與開發」的系列書籍，運用現有的產品或零件，透過駭入產品的逆向工程的手法，拆解後並重製其控制核心，並使用 Arduino 相關技術進行產品設計與開發等過程，讓電子、機械、電機、控制、軟體、工程進行跨領域的整合。

近年來 Arduino 異軍突起，在許多大學，甚至高中職、國中，甚至許多出社會的工程達人，都以 Arduino 為單晶片控制裝置，整合許多感測器、馬達、動力機構、手機、平板...等，開發出許多具創意的互動產品與數位藝術。由於 Arduino 的簡單、易用、價格合理、資源眾多，許多大專院校及社團都推出相關課程與研習機會來學習與推廣。

以往介紹 ICT 技術的書籍大部份以理論開始、為了深化開發與專業技術，往往忘記這些產品產品開發背後所需要的背景、動機、需求、環境因素等，讓讀者在學習之間，不容易了解當初開發這些產品的原始創意與想法，基於這樣的原因，一般人學起來特別感到吃力與迷惘。

本書為了讀者能夠深入了解產品開發的背景，本系列整合 Maker 自造者的觀念與創意發想，深入產品技術核心，進而開發產品，只要讀者跟著本書一步一步研習與實作，在完成之際，回頭思考，就很容易了解開發產品的整體思維。透過這樣的思路，讀者就可以輕易地轉移學習經驗至其他相關的產品實作上。

所以本書是能夠自修的書，讀完後不僅能依據書本的實作說明準備材料來製作，盡情享受 DIY(Do It Yourself)的樂趣，還能了解其原理並推展至其他應用。有興趣的讀者可再利用書後的參考文獻繼續研讀相關資料。

　　本書的發行有新的創舉，就是以電子書型式發行，在國家圖書館 (http://www.ncl.edu.tw/)、國立公共資訊圖書館 National Library of Public Information(http://www.nlpi.edu.tw/)、台灣雲端圖庫(http://www.ebookservice.tw/)等都可以免費借閱與閱讀，如要購買的讀者也可以到許多電子書網路商城、Google Books 與 Google Play 都可以購買之後下載與閱讀。希望讀者能珍惜機會閱讀及學習，繼續將知識與資訊傳播出去，讓有興趣的眾人都受益。希望這個拋磚引玉的舉動能讓更多人響應與跟進，一起共襄盛舉。

　　本書可能還有不盡完美之處，非常歡迎您的指教與建議。近期還將推出其他 Arduino 相關應用與實作的書籍，敬請期待。

　　最後，請您立刻行動翻書閱讀。

蔡英德 於台中沙鹿靜宜大學主顧樓

目 錄

Maker 系列

本書是『Arduino 程式教學』的第十本書，主要是給讀者熟悉使用 Ameba RTL8195AM 偵測各類有害氣體之氣體模組的介紹、使用方式、電路連接範例等等。

Ameba RTL8195AM 開發板最強大的不只是它的簡單易學的開發工具，最強大的是它網路功能與簡單易學的模組函式庫，幾乎 Maker 想到應用於物聯網開發的東西，只要透過眾多的周邊模組，都可以輕易的將想要完成的東西用堆積木的方式快速建立，而且 Ameba RTL8195AM 開發板市售價格比原廠 Arduino Yun 或 Arduino + Wifi Shield 更具優勢，最強大的是這些周邊模組對應的函式庫，瑞昱科技有專職的研發人員不斷的支持，讓 Maker 不需要具有深厚的電子、電機與電路能力，就可以輕易駕御這些模組。

所以本書要介紹市面上最常見、最受歡迎與使用的氣體模組，讓讀者可以輕鬆學會這些常用模組的使用方法，進而提升各位 Maker 的實力。

筆者對於 Ameba RTL8195AM 開發板，也算是先驅使用者，更感謝原廠支持筆者寫作，更協助開發更多、有用的函式庫，感謝瑞昱科技的 Yves Hsu、Sean Chang、Teresa Liu，Weiting Yeh 等先進協助，筆者不勝感激，希望筆者可以推出更多的入門書籍給更多想要進入『Ameba RTL8195AM』、『物聯網』這個未來大趨勢，所有才有這個程式教學系列的產生。

1

CHAPTER

氣體感測器介紹

氣體感測器的原理是利用加熱氧化物後表面吸附氣體，再進行催化產生電阻的變化產生感測訊號。偵測不同氣體所用的元件略有不同，因此目前單一感測器通常僅限特定某類型氣體的偵測，例如可燃性性氣體、二氧化碳、汙染型氣體、氫氣等，又稱為"電子鼻"或"嗅覺感測器"。

氣體感測器應用上常用於酒精偵測、可燃性氣體偵測、環境氣體偵測等，在環境空氣檢測上可用於室內空氣品質的偵測，搭配溫、溼度、氣壓計形成智慧空調系統，主動調整室內、車內空間的空氣品質，並達到節能與安全維護的目的。

本章主要介紹氣體感測器，一般而言，氣體感測器分為：半導體氣體感測器、電化學氣體感測器、催化燃燒式氣體感測器、熱導式氣體感測器、紅外線氣體感測器等。

半導體式氣體感測器

半導體式氣體感測器它是利用一些金屬氧化物半導體材料，在一定溫度下，電導率隨著環境氣體成份的變化而變化的原理製造的。比如，酒精感測器，就是利用二氧化錫在高溫下遇到酒精氣體時，電阻會急劇減小的原理製備的。

半導體式氣體感測器可以有效地用於：甲烷、乙烷、丙烷、丁烷、酒精、甲醛、一氧化碳、二氧化碳、乙烯、乙炔、氯乙烯、苯乙烯、丙烯酸等很多氣體地檢測。尤其是，這種感測器成本低廉，適宜於民用氣體檢測的需求。

我們可以見到下列幾種半導體式氣體感測器是常見、而且有效的：如甲烷（天然氣、沼氣）、酒精、一氧化碳（城市煤氣）、硫化氫、氨氣（包括胺類，肼類）；這些半導體式氣體感測器擁有高品質，高效率等特性，甚至可以達到工業檢測的需求的水準。

然而缺點就是：穩定性較差，受環境影響較大；特別是每一種感測器的並非針對單一種氣體，只要符合該感測器特性的氣體都會受到感測影響，並且輸出參數也都是相對值，而非絕對值，所以無法應用於計量準確要求的場所。

目前這類感測器的主要供應商都在日本（因為大多是日本發明出來這類感測器），其次是中國大陸，最近有新加入了韓國，其他國家如美國在這方面也有開始量產，然而中國大陸在這個領域投入的人力和時間都不亞於日本，但是由於多年來中國大陸國家政策導向以及社會資訊流通不易，目前中國大陸市場的半導體式氣體感測器性能與品質仍無法趕上日本產品，但其價格策略上，仍勝日本一籌。

催化燃燒式氣體感測器

催化燃燒式氣體感測器主要原理是在白金電阻的表面製造耐高溫的催化劑層，在一定的溫度下，可燃性氣體在其表面催化燃燒，燃燒是白金電阻溫度升高，電阻變化，變化值是可燃性氣體濃度的函數。

催化燃燒式氣體感測器選擇性地檢測可燃性氣體：凡是可以燃燒的，都能夠檢測；凡是不能燃燒的，感測器都沒有任何響應。

催化燃燒式氣體感測器在偵測亮方面非常準確，回應速度也非常快速，壽命也較長。但由於該氣體感測器的輸出與環境的爆炸危險有直接相關，所以在安全檢測領域中該氣體感測器為主導地位的感測器。

然而缺點是：在可燃性氣體範圍內，該氣體感測器並無法針對單一種氣體選擇性。而這些催化燃燒式氣體感測器偵測的氣體，絕大部分都有引燃爆炸的危險。而且大部分元素且都有致人中毒的危險。

目前這種催化燃燒式氣體感測器主要供應商在中國大陸、日本、英國（因為大多是英國發明出來這類感測器）。目前中國大陸是這種催化燃燒式氣體感測器的最大宗的使用用戶（因其煤礦採購量大），也擁有最佳的催化燃燒式氣體感測器生產技術，所以催化燃燒式氣體感測器的主流製造商都在中國大陸。

熱導池式氣體感測器

一般來說，每種氣體都有自己特定的熱導率，當兩個和多個氣體的熱導率差別較大時，可以利用熱導元件，分辨其中一個組分的含量，這就是熱導池式氣體感測器的基本原理。這種熱導池式氣體感測器常見用於氫氣的檢測、二氧化碳的檢測、高濃度甲烷的檢測居多。

然而這種熱導池式氣體感測器可應用範圍較窄，限制因素較多，而且這樣的技術已經是行之久遠的技術，所以全世界各地都有製造商，所以熱導池式氣體感測器產品品質，各國生產的品質已無太大差異。

電化學式氣體感測器

電化學式氣體感測器的原理是，一般來說，一部分的可燃性的、有毒有害氣體都有電化學活性，可以被電化學氧化或者還原，透過這些反應，可以分辨氣體成份、檢測氣體濃度。

一般來說，電化學氣體感測器分很多子類：

● 原電池型氣體感測器：也稱為：加伏尼電池型氣體感測器，也有稱燃料電池型氣體感測器，也有稱自發電池型氣體感測器），他們的原理行同我們用的乾電池，只是，電池的碳錳電極被氣體電極替代了。以氧氣感測器為例，氧在陰極被還原，電子通過電流表流到陽極，在那裡鉛金屬被氧化。電流的大小與氧氣的濃度直接相關。這種感測器可以有效地檢測氧氣、二氧化硫、氯氣等。

● 恆定電位電解池型氣體感測器：這種氣體感測器用於檢測還原性氣體非常有效，它的原理與原電池型感測器不一樣，它的電化學反應是在電流強制下發生的，是一種真正的庫侖分析的感測器。這種氣體感測器已經成功地用於：一氧化碳、硫化氫、氫氣、氨氣、肼、等氣體的檢測之中，是目前有毒有害氣體檢測的主流氣體感測器。

● 濃差電池型氣體感測器：具有電化學活性的氣體在電化學電池的兩側，會自發形成濃差電動勢，電動勢的大小與氣體的濃度有關，這種感測器的成功實例就是汽車用氧氣感測器、固體電解質型二氧化碳感測器。

● 極限電流型氣體感測器：有一種測量氧氣濃度的感測器利用電化池中的極限電流與載流子濃度相關的原理製備氧（氣）濃度感測器，用於汽車的氧氣檢測，和鋼水中氧濃度檢測。

電化學式氣體感測器的主要供應商遍布全世界，主要在德國、日本、美國，最近新加入幾個歐洲供應商：英國、瑞士等

紅外線氣體感測器

紅外線氣體感測器的原理，是利用大部分的氣體在中紅外區都有特徵吸收峰，檢測特徵吸收峰位置的吸收情況，就可以確定某氣體的濃度。

這種紅外線氣體感測器過去都是大型的分析儀器，但是近些年，隨著以 MEMS 技術為基礎的感測器工業的發展，這種感測器的體積已經由 10 升，45 公斤的巨無霸，減小到 2 毫升（拇指大小）左右。並且可以使用無需調製光源的紅外探測器，這樣的好處使得儀器可以完全脫離機械運動部件，進而達到低度維護化的需求。

紅外線氣體感測器可以有效地分辨氣體的種類，準確測定氣體濃度。通常紅外線氣體感測器已可以成功的用於：二氧化碳、甲烷的檢測。

磁性氧氣感測器

磁性氧氣感測器非常特別，透過磁性氧氣分析儀的核心技術，在目前也已經實現了「感測器化」階段，它是利用空氣中的氧氣可以被強磁場吸引的原理製造而成的磁性氧氣感測器，目前磁性氧氣感測器只能用於氧氣的檢測，選擇性極好。大氣環境中只有氮氧化物能夠產生微小的影響，但是由於這些干擾氣體的含量往往很

少，所以，磁氧分析技術的選擇性幾乎是唯一的。

　　目前先介紹上述常用的氣體感測器，目前世界各國還在研發各式各樣不同的氣體感測器，由於這些氣體感測器用途仍侷限特定用途，而且價格不斐，所以本文暫不介紹。

常見氣體感測器

　　我們由下表得知，最常見的氣體感測器，有 MQ 系列的氣體感測模組，這系列的感測模組，CP 值很高，準確、耐用，又容易學習，可以當為初學入門的最佳學習元件，下表為常見的 MQ 系列氣體感測模組的簡單內容列表，可以做為讀者挑選用途之參考。

表 1 常見氣體感應器列表

氣體感應器	偵測的氣體
MQ-2	甲烷，丁烷，液化石油氣（LPG），煙。
MQ-3	酒精，乙醇，煙霧
MQ-4	甲烷，CNG 天然氣
MQ-5	天然氣，液化石油氣
MQ-6	液化石油氣（LPG），丁烷氣
MQ-7	一氧化碳
MQ-8	氫氣
MQ-9	一氧化碳，可燃氣體。
MQ131	臭氧
MQ135	空氣質量
MQ136	硫化氫氣體。
MQ137	氨。
MQ138	苯，甲苯，醇，丙酮，丙烷，甲醛氣體。
MQ214	甲烷，天然氣。
MQ216	天然氣，煤氣。
MQ303A	酒精，乙醇，煙霧
MQ306A	液化石油氣（LPG），丁烷氣

章節小結

　　本章主要介紹之氣體感測模組之基本原理簡介,透過本章節的解說,相信讀者會對氣體感測的選擇與使用,有更進一步的了解與體認。

2

CHAPTER

MQ2 氣體感測器

MQ2 氣體感測模組能檢測家庭或工業區域的氣體洩漏，檢測的氣體包括異丁烷，液化石油氣，甲烷，乙醇，氫氣，煙霧等。其感測器的回應速度快，只需簡單的類比輸入就可以實際的測量氣體濃度，並且 MQ2 氣體感測模組有數位輸出，透過板上的可變電阻調整，在超過一定濃度就可以改變輸出數位訊號告知濃度超過容許限度。

氣體感測模組(MQ2)

MQ2 氣體感測模組(如下圖所示)能檢測家庭或工業區域的氣體洩漏，檢測的氣體包括異丁烷，液化石油氣，甲烷，乙醇，氫氣，煙霧等。感測器的回應速度快，便於實際的測量。通過板上的電位器調整輸出精度。

產品特性

- 快速回應並具備高靈敏度
- 寬測量範圍
- 穩定，工作壽命長
- Grove 接口

技術參數

項目	參數名	最小值	典型值	最大值	單位
VCC	工作電壓	4.9	五	5.1	V
PH	預熱消耗	0.5	–	800	毫瓦
RL	負載阻抗		可以調節		
RH	加熱阻抗	–	33	–	Ω
盧比	感應阻抗	3	–	三十	千歐

資料來源：

http://wiki.seeed.cc/Grove-Gas_Sensor-MQ2/#.E6.8A.80.E6.9C.AF.E5.8F.82.E6.95.B0

圖 1 MQ2 氣體感測模組

資料來源：

http://wiki.seeed.cc/Grove-Gas_Sensor-MQ2/#.E6.8A.80.E6.9C.AF.E5.8F.82.E6.95.B0

測試氣體感測模組(MQ2)

如下圖所示，這個實驗我們需要用到的實驗硬體有下圖.(a)的 Ameba RTL8195AM 與下圖.(b) MicroUSB 下載線、下圖.(c) MQ2 氣體感測模組、下圖.(d).LCD1602 液晶顯示器：

(a). Ameba RTL8195AM

(b). MicroUSB 下載線

(c). MQ2氣體感測模組　　　　　　(d).LCD1602液晶顯示器(I2C)

圖 2 MQ2 氣體感測模組所需材料表

讀者可以參考下圖所示之 MQ2 氣體感測模組連接電路圖，進行電路組立。

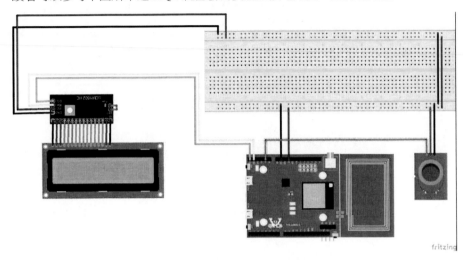

圖 3 MQ2 氣體感測模組連接電路圖

讀者也可以參考下表之腳位說明，進行電路組立。

表 2 MQ2 氣體感測模組接腳表

接腳	接腳說明	Ameba 開發板接腳
1	Vcc 接電源正極(5V)	Ameba +5V 接電源正極(5V)
2	GND 接電源負極	Ameba GND 接電源負極
3	Aout 類比信號輸出	Ameba Analog Pin 1(A1)
4	Dout TTL 開關信號輸出	Ameba Digital Pin 7

接腳	接腳說明	Ameba 開發板接腳

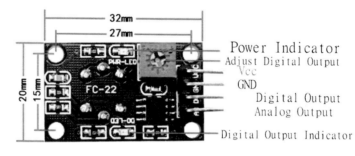

接腳	接腳說明	接腳名稱
1	Ground (0V)	接地 (0V) Ameba GND
2	Supply voltage; 5V (4.7V – 5.3V)	電源 (+5V) Ameba +5V
3	SDA	Ameba SDA Pin
4	SCL	Ameba SCL Pin21

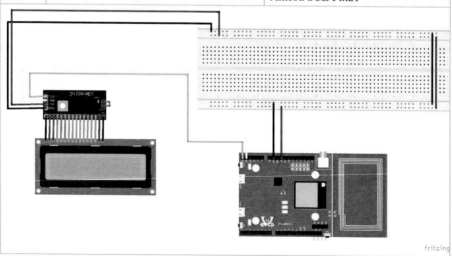

我們遵照前幾章所述，將 Ameba 開發板的驅動程式安裝好之後，我們打開 Ameba 開發板的開發工具：Sketch IDE 整合開發軟體(軟體下載請到：https://www.arduino.cc/en/Main/Software)，攥寫一段程式，如下表所示之 MQ2 氣體感測模組測試程式，讓 Ameba 讀取 MQ2 氣體感測模組的數值資料，並把 MQ2 氣體感測資料顯示在監控畫面與 LCD1602 液晶顯示器上。

表 3 MQ2 氣體感測模組測試程式

MQ2 氣體感測模組測試程式(MQ2)

```
#include <Wire.h>
#include <LiquidCrystal_I2C.h>
#define MQPin A1

// LCM1602 I2C LCD
  LiquidCrystal_I2C lcd(0x27, 2, 1, 0, 4, 5, 6, 7, 3, POSITIVE);   // 設定 LCD I2C 位址
void setup()      /*----( SETUP: RUNS ONCE )----*/
{
  lcd.begin(16, 2);         // 初始化 LCD，一行 20 的字元，共 4 行，預設開啟背光
  lcd.backlight(); // 開啟背光

  lcd.setCursor ( 0, 0 );           // go to home
  lcd.print("MQ Series ");
  lcd.setCursor ( 0, 1 );           // go to the next line
  lcd.print ("MQ2:");
  //delay ( 2000 );

  //lcd.clear();
}// END Setup

static int count=0;
void loop()
{
  int ReadValue = analogRead(MQPin) ;
  lcd.setCursor(5,1);
  lcd.print("          ") ;
```

```
    lcd.setCursor(5,1);
    lcd.print(ReadValue) ;
    delay(1000);
} // END Loop
```

程式下載：https://github.com/brucetsao/eGAS/

當然、如下圖所示，我們可以看到 MQ2 氣體感測模組測試程式結果畫面。

圖 4 MQ2 氣體感測模組測試程式結果畫面

章節小結

本章主要介紹之 Ameba 開發板使用與連接 MQ2 氣體感測模組，透過本章節的解說，相信讀者會對連接、使用 MQ2 氣體感測模組來量測氣體濃度，有更深入的了解與體認。

3

CHAPTER

MQ3 氣體感測器

MQ3 酒精感測器為酒精專用檢測半導體傳感器。它具有良好的靈敏度和回應速度快的特性，MQ3 酒精感測器適用用於開發便攜式酒精檢測系統。

氣體感測模組(MQ3)

酒精傳感器為酒精檢測半導體傳感器。它具有良好的靈敏度和酒精反應速度快，適合於便攜式酒精檢測儀。。

產品特性

- 電源要求：5 VDC @～120 mA（通加熱器）
- 檢測氣體：酒精
- 濃度：20-1000ppm 酒精
- 接口：1 個 TTL 兼容輸入（SEL），1 TTL 兼容輸出（DAT）
- 尺寸：40 倍; 20 倍;12 毫米
- 加熱器電壓：0.9V & plusmn; 0.1V 交流或直流
- 加熱器電流：120 plusmn;20 毫安

圖 5 MQ3 氣體感測模組

測試氣體感測模組(MQ3)

如下圖所示，這個實驗我們需要用到的實驗硬體有下圖.(a)的 Ameba RTL8195AM 與下圖.(b) MicroUSB 下載線、下圖.(c) MQ3 氣體感測模組、下圖.(d).LCD1602 液晶顯示器：

(a). Ameba RTL8195AM

(b). MicroUSB 下載線

(c). MQ3氣體感測模組

(d).LCD1602液晶顯示器(I2C)

圖 6 MQ3 氣體感測模組所需材料表

讀者可以參考下圖所示之 MQ3 氣體感測模組連接電路圖，進行電路組立。

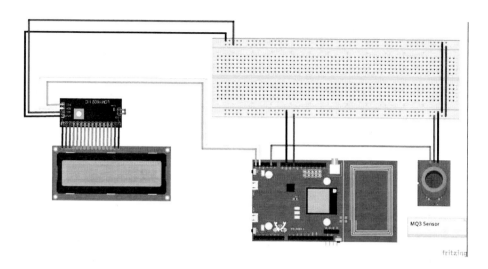

圖 7 MQ3 氣體感測模組連接電路圖

讀者也可以參考下表之腳位說明，進行電路組立。

表 4 MQ3 氣體感測模組接腳表

接腳	接腳說明	Ameba 開發板接腳
1	Vcc 接電源正極(5V)	Ameba +5V 接電源正極(5V)
2	GND 接電源負極	Ameba GND 接電源負極
3	Aout 類比信號輸出	Ameba Analog Pin 1(A1)
4	Dout TTL 開關信號輸出	Ameba Digital Pin 7

接腳	接腳說明	Ameba 開發板接腳

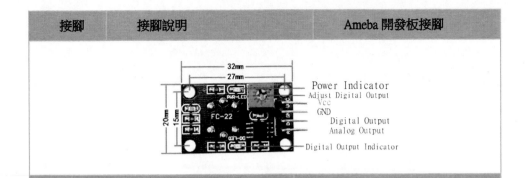

接腳	接腳說明	接腳名稱
1	Ground (0V)	接地 (0V) Ameba GND
2	Supply voltage; 5V (4.7V－5.3V)	電源 (+5V) Ameba +5V
3	SDA	Ameba SDA Pin
4	SCL	Ameba SCL Pin21

我們遵照前幾章所述，將 Ameba 開發板的驅動程式安裝好之後，我們打開 Ameba 開發板的開發工具：Sketch IDE 整合開發軟體(軟體下載請到：https://www.arduino.cc/en/Main/Software)，攢寫一段程式，如下表所示之 MQ3 氣體感測模組測試程式，讓 Ameba 讀取 MQ3 氣體感測模組的數值資料，並把 MQ3 氣體感測資料顯示在監控畫面與 LCD1602 液晶顯示器上。

表 5 MQ3 氣體感測模組測試程式

MQ3 氣體感測模組測試程式(MQ3)

```
#include <Wire.h>
#include <LiquidCrystal_I2C.h>
#define MQPin A1
#define MQName "MQ3"
// LCM1602 I2C LCD
 LiquidCrystal_I2C lcd(0x27, 2, 1, 0, 4, 5, 6, 7, 3, POSITIVE);   // 設定 LCD I2C 位址
void setup()     /*----( SETUP: RUNS ONCE )----*/
{
    lcd.begin(16, 2);         // 初始化 LCD，一行 20 的字元，共 4 行，預設開啟背
光
    lcd.backlight(); // 開啟背光

    lcd.setCursor ( 0, 0 );          // go to home
    lcd.print("MQ Series ");
    lcd.setCursor ( 0, 1 );          // go to the next line
    lcd.print (MQName);
    lcd.print (":");
    //delay ( 2000 );

    //lcd.clear();
}// END Setup

static int count=0;
void loop()
{
    int ReadValue = analogRead(MQPin) ;
    lcd.setCursor(5,1);
    lcd.print("          ") ;
    lcd.setCursor(5,1);
    lcd.print(ReadValue) ;
    lcd.print("/") ;
    lcd.print(((double)ReadValue/1024)*5) ;
    lcd.print(" V") ;
    delay(1000);
} // END Loop
```

程式下載：https://github.com/brucetsao/eGAS/

當然、如下圖所示，我們可以看到 MQ3 氣體感測模組測試程式結果畫面。

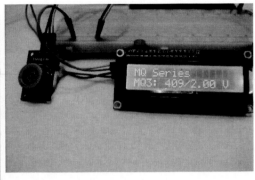

圖 8 MQ3 氣體感測模組測試程式結果畫面

章節小結

本章主要介紹之 Ameba 開發板使用與連接 MQ3 氣體感測模組，透過本章節的解說，相信讀者會對連接、使用 MQ3 氣體感測模組來量測氣體濃度，有更深入的了解與體認。

CHAPTER

MQ4 氣體感測器

基於氣敏元件的 MQ4 氣體感測器，可以很靈敏的檢測到空氣中的甲烷、天然氣等氣體。但是對乙醇和煙霧的靈敏度很低可以與 Ameba RTL8195AM/Arduino 等開發板整合使用，可以開發出火災甲烷、天然氣偵測與警示等相關的產品。

氣體感測模組(MQ4)

MQ4 氣體感測模組(如下圖所示)所使用的氣敏材料是在清潔空氣中電導率較低的二氧化錫(SnO2)。當感測器所處環境中存在可燃氣體時，感測器的電導率隨空氣中可燃氣體濃度的增加而增大。使用簡單的電路即可將電導率的變化轉換為與該氣體濃度相對應的輸出信號

表 6 MQ4 氣體感測模組規格表

產品型號			MQ-4
產品類型			半導體氣敏元件
標準封裝			膠木，金屬罩
檢測氣體			甲烷
檢測濃度			300-10000ppm(甲烷)
標準電路條件	回路電壓	Vc	≤24V DC
	加熱電壓	VH	5.0V±0.1V AC or DC
	負載電阻	RL	可調
標準測試條件下氣敏元件特性	加熱電阻	RH	26Ω±3Ω（室溫）
	加熱功耗	PH	≤950mW
	靈敏度	S	Ro(in air) / Rs(5000ppm 甲烷)≥5

	輸出電壓	VS	2.5V~4V(in 5000ppm 甲烷)
	濃度斜率	α	≤0.6 (R5000ppm/R1000ppm 甲烷)
標準測試條件	溫度、濕度		20℃±2℃；55%±5%RH
	標準測試電路		Vc：5.0V±0.1V；
	預熱時間		不少於 48 小時

圖 9 MQ4 氣體感測模組

測試氣體感測模組(MQ4)

如下圖所示，這個實驗我們需要用到的實驗硬體有下圖.(a)的 Ameba RTL8195AM 與下圖.(b) MicroUSB 下載線、下圖.(c) MQ4 氣體感測模組、下圖.(d).LCD1602 液晶顯示器：

(a). Ameba RTL8195AM

(b). MicroUSB 下載線

(c). MQ4氣體感測模組　　　　　　(d).LCD1602液晶顯示器(I2C)

圖 10 MQ4 氣體感測模組所需材料表

讀者可以參考下圖所示之 MQ4 氣體感測模組連接電路圖，進行電路組立。

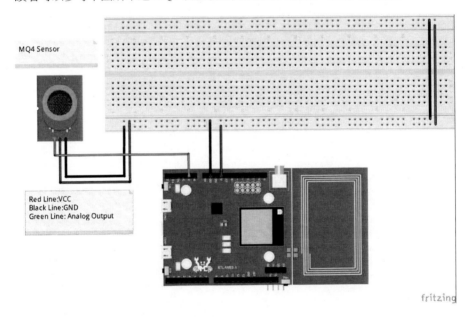

圖 11 MQ4 氣體感測模組連接電路圖

讀者也可以參考下表之腳位說明，進行電路組立。

表 7 MQ4 氣體感測模組接腳表

接腳	接腳說明	Ameba 開發板接腳

接腳	接腳說明	Ameba 開發板接腳
1	Vcc 接電源正極(5V)	Ameba +5V 接電源正極(5V)
2	GND 接電源負極	Ameba GND 接電源負極
3	Aout 類比信號輸出	Ameba Analog Pin 1(A1)
4	Dout TTL 開關信號輸出	Ameba Digital Pin 7

接腳	接腳說明	接腳名稱
1	Ground (0V)	接地 (0V) Ameba GND
2	Supply voltage; 5V (4.7V – 5.3V)	電源 (+5V) Ameba +5V
3	SDA	Ameba SDA Pin
4	SCL	Ameba SCL Pin21

　　我們遵照前幾章所述，將 Ameba 開發板的驅動程式安裝好之後，我們打開 Ameba 開發板的開發工具：Sketch IDE 整合開發軟體(軟體下載請到：https://www.arduino.cc/en/Main/Software)，撰寫一段程式，如下表所示之 MQ4 氣體感測模組測試程式，讓 Ameba 讀取 MQ4 氣體感測模組的數值資料，並把 MQ4 氣體感測資料顯示在監控畫面與 LCD1602 液晶顯示器上。

表 8 MQ4 氣體感測模組測試程式

MQ4 氣體感測模組測試程式(MQ4)

```
#include <Wire.h>
#include <LiquidCrystal_I2C.h>
#define MQPin A1
#define MQName "MQ4"
// LCM1602 I2C LCD
 LiquidCrystal_I2C lcd(0x27, 2, 1, 0, 4, 5, 6, 7, 3, POSITIVE);   // 設定 LCD I2C 位址
void setup()     /*----( SETUP: RUNS ONCE )----*/
{
   lcd.begin(16, 2);         // 初始化 LCD，一行 20 的字元，共 4 行，預設開啟背
光
   lcd.backlight(); // 開啟背光

   lcd.setCursor ( 0, 0 );          // go to home
   lcd.print("MQ Series ");
   lcd.setCursor ( 0, 1 );          // go to the next line
   lcd.print (MQName);
   lcd.print (":");
   //delay ( 2000 );

   //lcd.clear();
}// END Setup

static int count=0;
void loop()
{
   int ReadValue = analogRead(MQPin) ;
   lcd.setCursor(5,1);
   lcd.print("          ") ;
   lcd.setCursor(5,1);
   lcd.print(ReadValue) ;
   lcd.print("/") ;
   lcd.print(((double)ReadValue/1024)*5) ;
   lcd.print(" V") ;
   delay(1000);
} // END Loop
```

程式下載：https://github.com/brucetsao/eGAS/

當然、如下圖所示，我們可以看到 MQ4 氣體感測模組測試程式結果畫面。

圖 12 MQ4 氣體感測模組測試程式結果畫面

章節小結

本章主要介紹之 Ameba 開發板使用與連接 MQ4 氣體感測模組，透過本章節的解說，相信讀者會對連接、使用 MQ4 氣體感測模組來量測氣體濃度，有更深入的了解與體認。

5

CHAPTER

MQ5 氣體感測器

MQ5 氣體感測器（ MQ5 ）模組可用於氣體洩漏檢測（家庭和工業），它可以檢測液化石油氣，天然氣，城市煤氣等。根據 MQ5 氣體感測器的快速回應時間。讓您在環境測量時可以快速的採集到數據，開發板上也有可變電阻進行靈敏度調整，也可以在超過設定臨界點驅動電位輸出。MQ5 氣體感測器廣泛的應用可以開發出天然氣，液化石油氣偵測與警示等相關的產品。

氣體感測模組(MQ5)

MQ-5 氣體感測器對丁烷、丙烷、甲烷的靈敏度高，對甲烷和丙烷可較好的兼顧。這種感測器可檢測多種可燃性氣體，特別是天然氣，是一款適合多種應用的低成本感測器

技術參數
● 對液化氣，天然氣，城市煤氣有較好的靈敏度。

● 對乙醇，煙霧幾乎不嚮應。

● 快速的嚮應恢復特性　*長期的使用壽和可靠的穩定性

● 簡單的測試電路 應用：

● 適用於家庭或工業上對液化氣，天然氣，煤氣的監測裝置。優良的抗乙醇，煙霧干擾能力。

MQ5 氣體感測器（ MQ5 ）模組規格如下列幾表所示：

表 9 MQ5 氣體感測器標準工作條件

符號	參數名稱	技術條件	備註
VC	回路電壓	5V±0.1	AC OR DC
VH	加熱電壓	5V±0.1	AC OR DC
RL	負載電阻	可調	

RH	加熱電阻	33Ω±5%	室溫
PH	加熱功耗	小於 750 毫瓦	

表 10 MQ5 氣體感測器環境條件

符號	參數名稱	技術條件	備註
Tao	使用溫度	-20℃~50℃	
Tas	儲存溫度	-20℃~70℃	
R_H	相對溫度	小於 95%Rh	
O_2	氧氣濃度	21%(標準條件) 氧氣濃度會影響靈敏度特性	最小值大於 2%

表 11 MQ5 氣體感測器靈敏度特性

符號	參數名稱	技術條件	備註
Rs	敏感體電阻	10KΩ-60KΩ (1000ppm 甲烷)	探測範圍： 200-10000ppm 液化氣，天然氣，煤氣。
(1000/5000ppm CH4)	濃度斜率	≦0.6	
標準工作條件		溫度:20℃±2℃ Vc:5V ±0.1 相對溫度:65%±5% Vh:5V±0.1	
預熱時間		不小於 24 小時]	

圖 13 MQ5 氣體感測模組

測試氣體感測模組(MQ5)

如下圖所示，這個實驗我們需要用到的實驗硬體有下圖.(a)的 Ameba RTL8195AM 與下圖.(b) MicroUSB 下載線、下圖.(c) MQ5 氣體感測模組、下圖.(d).LCD1602 液晶顯示器：

(a). Ameba RTL8195AM

(b). MicroUSB 下載線

(c). MQ5氣體感測模組

(d).LCD1602液晶顯示器(I2C)

圖 14 MQ5 氣體感測模組所需材料表

讀者可以參考下圖所示之 MQ5 氣體感測模組連接電路圖，進行電路組立。

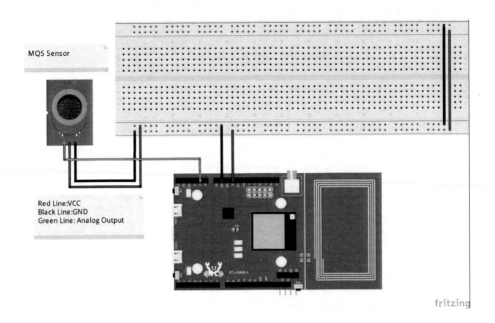

圖 15 MQ5 氣體感測模組連接電路圖

讀者也可以參考下表之腳位說明,進行電路組立。

表 12 MQ5 氣體感測模組接腳表

接腳	接腳說明	Ameba 開發板接腳
1	Vcc 接電源正極(5V)	Ameba +5V 接電源正極(5V)
2	GND 接電源負極	Ameba GND 接電源負極
3	Aout 類比信號輸出	Ameba Analog Pin 1(A1)
4	Dout TTL 開關信號輸出	Ameba Digital Pin 7

接腳	接腳說明	接腳名稱
1	Ground (0V)	接地 (0V) Ameba GND
2	Supply voltage; 5V (4.7V – 5.3V)	電源 (+5V) Ameba +5V
3	SDA	Ameba SDA Pin
4	SCL	Ameba SCL Pin21

我們遵照前幾章所述，將 Ameba 開發板的驅動程式安裝好之後，我們打開 Ameba 開發板的開發工具：Sketch IDE 整合開發軟體(軟體下載請到：https://www.arduino.cc/en/Main/Software)，攥寫一段程式，如下表所示之 MQ5 氣體感測模組測試程式，讓 Ameba 讀取 MQ5 氣體感測模組的數值資料，並把 MQ5 氣體感測資料顯示在監控畫面與 LCD1602 液晶顯示器上。

表 13 MQ5 氣體感測模組測試程式

MQ5 氣體感測模組測試程式(MQ5)
#include <Wire.h>
#include <LiquidCrystal_I2C.h>
#define MQPin A1
#define MQName "MQ5"
// LCM1602 I2C LCD

```
 LiquidCrystal_I2C lcd(0x27, 2, 1, 0, 4, 5, 6, 7, 3, POSITIVE);   // 設定 LCD I2C 位址
void setup()     /*----( SETUP: RUNS ONCE )----*/
{
   lcd.begin(16, 2);        // 初始化 LCD，一行 20 的字元，共 4 行，預設開啟背
光
   lcd.backlight(); // 開啟背光

   lcd.setCursor ( 0, 0 );            // go to home
   lcd.print("MQ Series ");
   lcd.setCursor ( 0, 1 );            // go to the next line
   lcd.print (MQName);
   lcd.print (":");
   //delay ( 2000 );

   //lcd.clear();
}// END Setup

static int count=0;
void loop()
{
   int ReadValue = analogRead(MQPin) ;
   lcd.setCursor(5,1);
   lcd.print("          ") ;
   lcd.setCursor(5,1);
   lcd.print(ReadValue) ;
   lcd.print("/") ;
   lcd.print(((double)ReadValue/1024)*5) ;
   lcd.print(" V") ;
   delay(1000);
} // END Loop
```

程式下載：https://github.com/brucetsao/eGAS/

當然、如下圖所示，我們可以看到 MQ5 氣體感測模組測試程式結果畫面。

圖 16 MQ5 氣體感測模組測試程式結果畫面

章節小結

本章主要介紹之 Ameba 開發板使用與連接 MQ5 氣體感測模組,透過本章節的解說,相信讀者會對連接、使用 MQ5 氣體感測模組來量測氣體濃度,有更深入的了解與體認。

CHAPTER

MQ6 氣體感測器

　　MQ-6 氣體感測模組所使用的氣敏材料是在清潔空氣中電導率較低的二氧化錫 (SnO2)。當 MQ-6 氣體感測模組所處環境中存在可燃氣體時，MQ-6 氣體感測模組的電導率隨空氣中可燃氣體濃度的增加而增大。

　　MQ-6 氣體感測模組使用簡單的電路即可將電導率的變化轉換為與該氣體濃度相對應的輸出信號。MQ-6 氣體感測模組對丙烷、丁烷、液化石油氣的靈敏度高，對天然氣也有較好的靈敏度。MQ-6 氣體感測模組可檢測多種可燃性氣體，是一款適合多種應用的低成本氣體感測模組。

氣體感測模組(MQ6)

　　MQ-6 氣體感測模組適用於家庭或工業上對 LPG（石油液化氣）、丁烷,丙烷,LNG（液化天然氣）的檢測裝置，MQ-6 氣體感測模組結合 Ameba RTL8195AM/Arduino 等開發板整合使用，可以開發出丙烷、丁烷、液化石油氣偵測與警示等相關的產品。

圖 17 MQ6 氣體感測模組

　　MQ6 氣體感測模組產品規格如下：

● 　採用優質雙面板設計，具有電源指示和 TTL 信號輸出指示

- 具有 DO 開關信號（TTL）輸出和 AO 模擬信號輸出

- TTL 輸出有效信號為低電位。（當輸出低電位時信號燈亮，可直接接單晶片或繼電器模塊）

- 模擬量輸出的電壓，濃度越高電壓越高

- 對丙烷，丁烷，LPG,LNG 檢測有較好的靈敏度

- 有四個螺絲孔便於定位

- 尺寸：32(L)*20(W)*22(H)

- 具有長期的使用壽命和可靠的穩定性、快速的響應恢復特性

- 輸入電壓：DC5V

- 功耗（電流）：150mA DO

- 輸出：TTL 數字量 0 和 1（0.1 和 5V）

- AO 輸出：0.1-0.3V（相對無污染），最高濃度電壓 4V 左右特別提醒：傳感器通電後，需要預熱 20S 左右，測量的數據才穩定，傳感器發熱屬於正常現象，因為內部有電熱絲，如果燙手就不正常了

- 底板顏色、封裝樣式每批商品皆會稍有不同，但功能完全一樣

測試氣體感測模組(MQ6)

如下圖所示，這個實驗我們需要用到的實驗硬體有下圖.(a)的 Ameba RTL8195AM 與下圖.(b) MicroUSB 下載線、下圖.(c) MQ6 氣體感測模組、下圖.(d).LCD1602 液晶顯示器：

(a). Ameba RTL8195AM

(b). MicroUSB 下載線

(c). MQ6氣體感測模組

(d).LCD1602液晶顯示器(I2C)

圖 18 MQ6 氣體感測模組所需材料表

讀者可以參考下圖所示之 MQ6 氣體感測模組連接電路圖，進行電路組立。

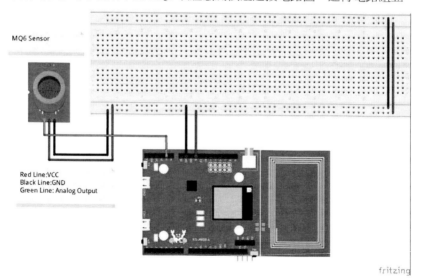

圖 19 MQ6 氣體感測模組連接電路圖

讀者也可以參考下表之腳位說明，進行電路組立。

表 14 MQ6 氣體感測模組接腳表

接腳	接腳說明	Ameba 開發板接腳
1	Vcc 接電源正極(5V)	Ameba +5V 接電源正極(5V)
2	GND 接電源負極	Ameba GND 接電源負極
3	Aout 類比信號輸出	Ameba Analog Pin 1(A1)
4	Dout TTL 開關信號輸出	Ameba Digital Pin 7

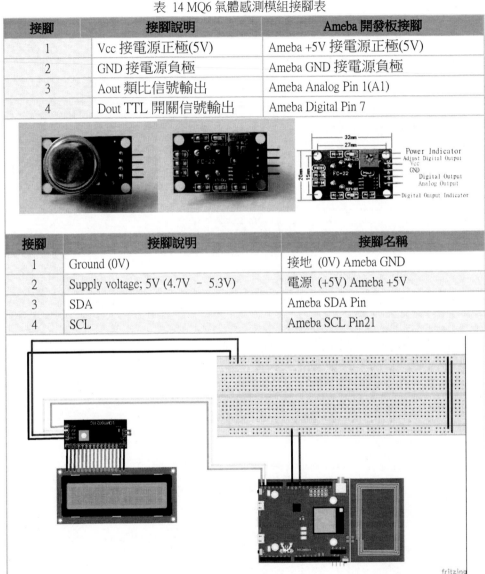

接腳	接腳說明	接腳名稱
1	Ground (0V)	接地 (0V) Ameba GND
2	Supply voltage; 5V (4.7V – 5.3V)	電源 (+5V) Ameba +5V
3	SDA	Ameba SDA Pin
4	SCL	Ameba SCL Pin21

我們遵照前幾章所述，將 Ameba 開發板的驅動程式安裝好之後，我們打開

Ameba 開發板的開發工具：Sketch IDE 整合開發軟體(軟體下載請到：
https://www.arduino.cc/en/Main/Software)，攥寫一段程式，如下表所示之 MQ6 氣體感
測模組測試程式，讓 Ameba 讀取 MQ6 氣體感測模組的數值資料，並把 MQ6 氣體
感測資料顯示在監控畫面與 LCD1602 液晶顯示器上。

表 15 MQ6 氣體感測模組測試程式

```
MQ6 氣體感測模組測試程式(MQ6

#include <Wire.h>
#include <LiquidCrystal_I2C.h>
#define MQPin A1
#define MQName "MQ6"
// LCM1602 I2C LCD
 LiquidCrystal_I2C lcd(0x27, 2, 1, 0, 4, 5, 6, 7, 3, POSITIVE);   // 設定 LCD I2C 位址
void setup()     /*----( SETUP: RUNS ONCE )----*/
{
   lcd.begin(16, 2);         // 初始化 LCD，一行 20 的字元，共 4 行，預設開啟背
光
   lcd.backlight(); // 開啟背光

   lcd.setCursor ( 0, 0 );            // go to home
   lcd.print("MQ Series ");
   lcd.setCursor ( 0, 1 );            // go to the next line
   lcd.print (MQName);
   lcd.print (":");
   //delay ( 2000 );

   //lcd.clear();
}// END Setup

static int count=0;
void loop()
{
   int ReadValue = analogRead(MQPin) ;
   lcd.setCursor(5,1);
   lcd.print("              ") ;
   lcd.setCursor(5,1);
   lcd.print(ReadValue) ;
```

```
    lcd.print("/") ;
    lcd.print(((double)ReadValue/1024)*5) ;
    lcd.print(" V") ;
    delay(1000);
} // END Loop
```

當然、如下圖所示，我們可以看到 MQ6 氣體感測模組測試程式結果畫面。

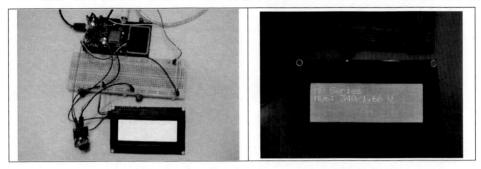

圖 20 MQ6 氣體感測模組測試程式結果畫面

章節小結

本章主要介紹之 Ameba 開發板使用與連接 MQ6 氣體感測模組，透過本章節的
解說，相信讀者會對連接、使用 MQ6 氣體感測模組來量測氣體濃度，有更深入的
了解與體認。

7
CHAPTER

MQ7 氣體感測器

　　MQ-7 氣體感測器所使用的氣敏材料是在清潔空氣中電導率較低的二氧化錫(SnO2)。採用高低溫循環檢測方式低溫（1.5V 加熱）檢測一氧化碳，傳感器的電導率隨空氣中一氧化碳氣體濃度增加而增大，高溫（5.0V 加熱）清洗低溫時吸附的雜散氣體。使用簡單的電路即可將電導率的變化，轉換為與該氣體濃度相對應的輸出信號。MQ-7 氣體感測器對一氧化碳的靈敏度高，這種傳感器可檢測多種含一氧化碳的氣體，是一款適合多種應用的低成本 MQ-7 氣體感測器。

氣體感測模組(MQ7)

MQ-7 氣體感測器(如下圖所示)可用於家庭、環境的一氧化碳探測裝置，適宜於一氧化碳、煤氣等的探測。

圖 21 MQ7 氣體感測模組

MQ-7 氣體感測器所規格如下：
- 具有信號輸出指示。
- 雙路信號輸出（模擬量輸出及 TTL 電平輸出）
- TTL 輸出有效信號為低電平。（當輸出低電平時信號燈亮，可直接接單片機）
- 模擬量輸出 0~5V 電壓，濃度越高電壓越高。
- 對一氧化碳具有很高的靈敏度和良好的選擇性。
- 具有長期的使用壽命和可靠的穩定性

MQ-7 氣體感測器其工作規格如下：

- 加熱電壓：5±0.2V（AC·DC）
- 工作電流：140mA
- 回路電壓：10V（最大 DC 15V）
- 負載電阻：10K（可調）
- 檢測濃度範圍：10-1000ppm
- 清潔空氣中電壓：≤1.5V
- 靈敏度：≥3%
- 回應時間：≤1S（預熱 3-5 分鐘）
- 回復時間：≤30S
- 元件功耗：≤0.7W
- 工作溫度：-10~50℃（標稱溫度 20℃）
- 工作濕度：95（標稱濕度 65）
- 使用壽命：5 年
- 尺寸大小：35mm×22mm×18mm
- 重量大小：6g

測試氣體感測模組(MQ7)

如下圖所示，這個實驗我們需要用到的實驗硬體有下圖.(a)的 Ameba RTL8195AM 與下圖.(b) MicroUSB 下載線、下圖.(c) MQ7 氣體感測模組、下圖.(d).LCD1602 液晶顯示器：

(a). Ameba RTL8195AM   (b). MicroUSB 下載線

(c). MQ7氣體感測模組　　　　(d).LCD1602液晶顯示器(I2C)

圖 22 MQ7 氣體感測模組所需材料表

讀者可以參考下圖所示之 MQ7 氣體感測模組連接電路圖,進行電路組立。

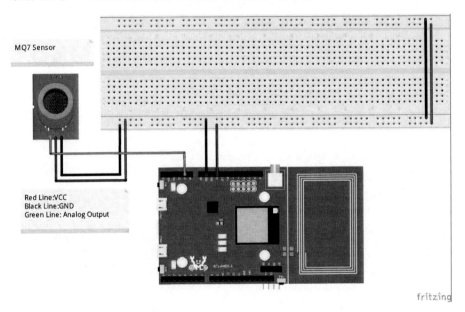

圖 23 MQ7 氣體感測模組連接電路圖

讀者也可以參考下表之腳位說明,進行電路組立。

表 16 MQ7 氣體感測模組接腳表

接腳	接腳說明	Ameba 開發板接腳
1	Vcc 接電源正極(5V)	Ameba +5V 接電源正極(5V)
2	GND 接電源負極	Ameba GND 接電源負極
3	Aout 類比信號輸出	Ameba Analog Pin 1(A1)
4	Dout TTL 開關信號輸出	Ameba Digital Pin 7

接腳	接腳說明	接腳名稱
1	Ground (0V)	接地 (0V) Ameba GND
2	Supply voltage; 5V (4.7V - 5.3V)	電源 (+5V) Ameba +5V
3	SDA	Ameba SDA Pin
4	SCL	Ameba SCL Pin21

　　我們遵照前幾章所述，將 Ameba 開發板的驅動程式安裝好之後，我們打開
Ameba 開發板的開發工具：Sketch IDE 整合開發軟體(軟體下載請到：
https://www.arduino.cc/en/Main/Software)，攥寫一段程式，如下表所示之 MQ7 氣體
感測模組測試程式，讓 Ameba 讀取 MQ7 氣體感測模組的數值資料，並把 MQ7 氣
體感測資料顯示在監控畫面與 LCD1602 液晶顯示器上。

表 17 MQ7 氣體感測模組測試程式

MQ7 氣體感測模組測試程式(MQ7)

```
#include <Wire.h>
#include <LiquidCrystal_I2C.h>
#define MQPin A1
#define MQName "MQ7"
// LCM1602 I2C LCD
 LiquidCrystal_I2C lcd(0x27, 2, 1, 0, 4, 5, 6, 7, 3, POSITIVE);   // 設定 LCD I2C 位址
void setup()     /*----( SETUP: RUNS ONCE )----*/
{
   lcd.begin(16, 2);        // 初始化 LCD，一行 20 的字元，共 4 行，預設開啟背
光
   lcd.backlight(); // 開啟背光

   lcd.setCursor ( 0, 0 );          // go to home
   lcd.print("MQ Series ");
   lcd.setCursor ( 0, 1 );          // go to the next line
   lcd.print (MQName);
   lcd.print (":");
   //delay ( 2000 );

   //lcd.clear();
}// END Setup

static int count=0;
void loop()
{
   int ReadValue = analogRead(MQPin) ;
   lcd.setCursor(5,1);
   lcd.print("          ") ;
   lcd.setCursor(5,1);
   lcd.print(ReadValue) ;
   lcd.print("/") ;
   lcd.print(((double)ReadValue/1024)*5) ;
   lcd.print(" V") ;
   delay(1000);
} // END Loop
```

當然、如下圖所示，我們可以看到 MQ7 氣體感測模組測試程式結果畫面。

圖 24 MQ7 氣體感測模組測試程式結果畫面

章節小結

本章主要介紹之 Ameba 開發板使用與連接 MQ7 氣體感測模組，透過本章節的解說，相信讀者會對連接、使用 MQ7 氣體感測模組來量測氣體濃度，有更深入的了解與體認。

CHAPTER

MQ8 氣體感測器

MQ-8 氣體感測模組所使用的氣敏材料是在清潔空氣中電導率較低的二氧化錫(SnO2)。當傳感器所處環境中存在可燃氣體時，傳感器的電導率隨空氣中可燃氣體濃度的增加而增大。使用簡單的電路即可將電導率的變化轉換為與該氣體濃度相對應的輸出信號。MQ-8 氣體感測模組氫氣的靈敏度高，對其他含氫氣體的監測也很理想。

MQ-8 氣體感測模組可檢測多種含氫氣體，特別是城市煤氣，是一款適合多種應用的低成本傳感器，而且與 Ameba RTL8195AM/Arduino 等開發板整合使用，可以開發出氫氣偵測與警示等相關的產品。

氣體感測模組(MQ8)

MQ-8 氣體感測模組(如下圖所示) 適用於家庭或工業上對氫氣洩露的監測裝置。可不受乙醇蒸汽，油煙、一氧化碳等氣體的干擾。

圖 25 MQ8 氣體感測模組

MQ-8 氣體感測模組產品規格如下：

● 採用優質雙面板設計，具有電源指示和 TTL 信號輸出指示

- 具有 DO 開關信號（TTL）輸出和 AO 模擬信號輸出

- TTL 輸出有效信號為低電平。（當輸出低電平時信號燈亮，可直接接單片機或繼電器模塊）

- 模擬量輸出的電壓，濃度越高電壓越高

- 對氫氣檢測有較好的靈敏度

- 有四個螺絲孔便於定位

- 尺寸：32(L)*20(W)*22(H)

- 具有長期的使用壽命和可靠的穩定性、快速的響應恢復特性

- 電氣性能：輸入電壓：DC5V

- 功耗（電流）：150mA DO

- 輸出：TTL 數字量 0 和 1（0.1 和 5V）

- AO 輸出：0.1-0.3V（相對無污染），最高濃度電壓 4V 左右特別提醒：傳感器通電後，需要預熱 20S 左右，測量的數據才穩定，傳感器發熱屬於正常現象，因為內部有電熱絲，如果燙手就不正常了

- 底板顏色、封裝樣式每批商品皆會稍有不同，但功能完全一樣

測試氣體感測模組(MQ8)

如下圖所示，這個實驗我們需要用到的實驗硬體有下圖.(a)的 Ameba RTL8195AM 與下圖.(b) MicroUSB 下載線、下圖.(c) MQ8 氣體感測模組、下圖.(d).LCD1602 液晶顯示器：

(a). Ameba RTL8195AM

(b). MicroUSB 下載線

(c). MQ8氣體感測模組

(d).LCD1602液晶顯示器(I2C)

圖 26 MQ8 氣體感測模組所需材料表

讀者可以參考下圖所示之 MQ8 氣體感測模組連接電路圖,進行電路組立。

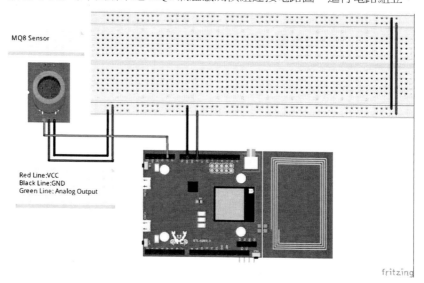

圖 27 MQ8 氣體感測模組連接電路圖

讀者也可以參考下表之腳位說明,進行電路組立。

表 18 MQ8 氣體感測模組接腳表

接腳	接腳說明	Ameba 開發板接腳
1	Vcc 接電源正極(5V)	Ameba +5V 接電源正極(5V)
2	GND 接電源負極	Ameba GND 接電源負極
3	Aout 類比信號輸出	Ameba Analog Pin 1(A1)
4	Dout TTL 開關信號輸出	Ameba Digital Pin 7

接腳	接腳說明	接腳名稱
1	Ground (0V)	接地 (0V) Ameba GND
2	Supply voltage; 5V (4.7V – 5.3V)	電源 (+5V) Ameba +5V
3	SDA	Ameba SDA Pin
4	SCL	Ameba SCL Pin21

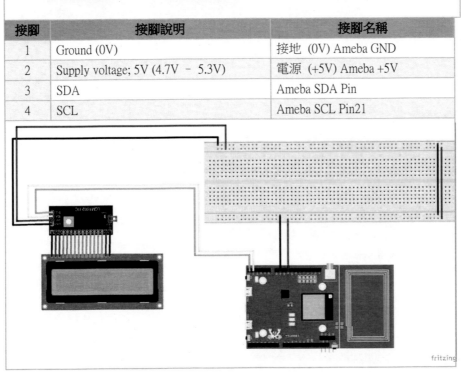

我們遵照前幾章所述，將 Ameba 開發板的驅動程式安裝好之後，我們打開
Ameba 開發板的開發工具：Sketch IDE 整合開發軟體(軟體下載請到：

https://www.arduino.cc/en/Main/Software)，攥寫一段程式，如下表所示之 MQ8 氣體感測模組測試程式，讓 Ameba 讀取 MQ8 氣體感測模組的數值資料，並把 MQ8 氣體感測資料顯示在監控畫面與 LCD1602 液晶顯示器上。

表 19 MQ8 氣體感測模組測試程式

MQ8 氣體感測模組測試程式(MQ8)

```
#include <Wire.h>
#include <LiquidCrystal_I2C.h>
#define MQPin A1
#define MQName "MQ8"
// LCM1602 I2C LCD
 LiquidCrystal_I2C lcd(0x27, 2, 1, 0, 4, 5, 6, 7, 3, POSITIVE);   // 設定 LCD I2C 位址
void setup()     /*----( SETUP: RUNS ONCE )----*/
{
   lcd.begin(16, 2);         // 初始化 LCD，一行 20 的字元，共 4 行，預設開啟背光
   lcd.backlight(); // 開啟背光

   lcd.setCursor ( 0, 0 );              // go to home
   lcd.print("MQ Series ");
   lcd.setCursor ( 0, 1 );              // go to the next line
   lcd.print (MQName);
   lcd.print (":");
   //delay ( 2000 );

   //lcd.clear();
}// END Setup

static int count=0;
void loop()
{
   int ReadValue = analogRead(MQPin) ;
   lcd.setCursor(5,1);
   lcd.print("          ") ;
   lcd.setCursor(5,1);
   lcd.print(ReadValue) ;
   lcd.print("/") ;
   lcd.print(((double)ReadValue/1024)*5) ;
```

```
    lcd.print(" V") ;
    delay(1000);
} // END Loop
```

程式下載：https://github.com/brucetsao/eGAS/

當然、如下圖所示，我們可以看到 MQ8 氣體感測模組測試程式結果畫面。

圖 28 MQ8 氣體感測模組測試程式結果畫面

章節小結

本章主要介紹之 Ameba 開發板使用與連接 MQ8 氣體感測模組，透過本章節的
解說，相信讀者會對連接、使用 MQ8 氣體感測模組來量測氣體濃度，有更深入的
了解與體認。

CHAPTER

MQ9 氣體感測器

MQ-9 氣體感測模組使用的氣敏材料是在清潔空氣中電導率較低的二氧化錫 (SnO2)，採用高低溫迴圈檢測方式低溫（1.5V 加熱）檢測一氧化碳，感測器的電導率隨空氣中一氧化碳氣體濃度增加而增大，高溫（5.0V 加熱）檢測可燃氣體甲烷、丙烷並清洗低溫時吸附的雜散氣體。

MQ-9 氣體感測模組適用於家庭或工廠的氣體洩漏監測裝置，適宜於一氧化碳、可燃氣體等監測裝置，可測試一氧化碳 10 to 1000ppm CO、可燃氣體 100 to 10000ppm 範圍。

MQ-9 氣體感測模組與 Ameba RTL8195AM/Arduino 等開發板整合使用，可以開發出一氧化碳及可燃性的氣體的偵測與警示等相關的產品。

氣體感測模組(MQ9)

MQ-9 氣體感測模組運用簡單的電路即可將電導率的變化，轉換為與該氣體濃度相對應的輸出信號。 MQ-9 氣體感測器對一氧化碳、甲烷、液化氣的靈敏度高，這種感測器可檢測多種含一氧化碳及可燃性的氣體，是一款適合多種應用的低成本感測器。

圖 29 MQ9 氣體感測模組

產品規格：

- 採用優質雙面板設計，具有電源指示和 TTL 信號輸出指示；

- 具有 DO 開關信號（TTL）輸出和 AO 類比信號輸出；

- TTL 輸出有效信號為低電平。（當輸出低電平時信號燈亮，可直接接單片機或繼電器模組）

- 類比量輸出的電壓隨濃度越高電壓越高。

- 對一氧化碳檢測有較好的靈敏度。

- 有四個螺絲孔便於定位；

- 產品外形尺寸：32(L)*20(W)*22(H)

- 具有長期的使用壽命和可靠的穩定性

- 快速的回應恢復特性

電氣性能：

- 輸入電壓：DC5V 功耗（電流）：150mA

- DO 輸出：TTL 數字量 0 和 1（0.1 和 5V），當測量濃度大於設定濃度時，DO 輸出輸出低電位(Low)

- AO 輸出：0.1-0.3V（相對無污染），最高濃度電壓 4V 左右

- 感測器通電後，需要預熱 20S 左右，測量的資料才穩定，感測器發熱屬於正常現象，因為內部有電熱絲，如果燙手就不正常了。

測試氣體感測模組(MQ9)

如下圖所示，這個實驗我們需要用到的實驗硬體有下圖.(a)的 Ameba RTL8195AM 與下圖.(b) MicroUSB 下載線、下圖.(c) MQ9 氣體感測模組、下圖.(d).LCD1602 液晶顯示器：

(a). Ameba RTL8195AM

(b). MicroUSB 下載線

(c). MQ9氣體感測模組

(d).LCD1602液晶顯示器(I2C)

圖 30 MQ9 氣體感測模組所需材料表

讀者可以參考下圖所示之 MQ9 氣體感測模組連接電路圖，進行電路組立。

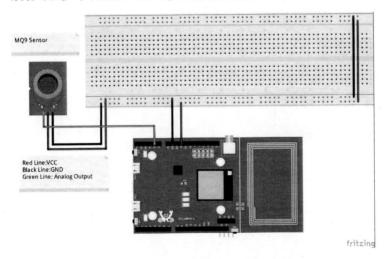

圖 31 MQ9 氣體感測模組連接電路圖

讀者也可以參考下表之腳位說明，進行電路組立。

表 20 MQ9 氣體感測模組接腳表

接腳	接腳說明	Ameba 開發板接腳
1	Vcc 接電源正極(5V)	Ameba +5V 接電源正極(5V)
2	GND 接電源負極	Ameba GND 接電源負極
3	Aout 類比信號輸出	Ameba Analog Pin 1(A1)
4	Dout TTL 開關信號輸出	Ameba Digital Pin 7

接腳	接腳說明	接腳名稱
1	Ground (0V)	接地 (0V) Ameba GND
2	Supply voltage; 5V (4.7V – 5.3V)	電源 (+5V) Ameba +5V
3	SDA	Ameba SDA Pin
4	SCL	Ameba SCL Pin21

　　我們遵照前幾章所述，將 Ameba 開發板的驅動程式安裝好之後，我們打開
Ameba 開發板的開發工具：Sketch IDE 整合開發軟體(軟體下載請到：
https://www.arduino.cc/en/Main/Software)，攥寫一段程式，如下表所示之 MQ9 氣體感
測模組測試程式，讓 Ameba 讀取 MQ9 氣體感測模組的數值資料，並把 MQ9 氣體
感測資料顯示在監控畫面與 LCD1602 液晶顯示器上。

表 21 MQ9 氣體感測模組測試程式

MQ9 氣體感測模組測試程式(MQ9)

```
#include <Wire.h>
#include <LiquidCrystal_I2C.h>
#define MQPin A1
#define MQName "MQ9"
// LCM1602 I2C LCD
 LiquidCrystal_I2C lcd(0x27, 2, 1, 0, 4, 5, 6, 7, 3, POSITIVE);  // 設定 LCD I2C 位址
void setup()     /*----( SETUP: RUNS ONCE )----*/
{
   lcd.begin(16, 2);        // 初始化 LCD，一行 20 的字元，共 4 行，預設開啟背
光
   lcd.backlight(); // 開啟背光

   lcd.setCursor ( 0, 0 );           // go to home
   lcd.print("MQ Series ");
   lcd.setCursor ( 0, 1 );           // go to the next line
   lcd.print (MQName);
   lcd.print (":");
   //delay ( 2000 );

   //lcd.clear();
}// END Setup

static int count=0;
void loop()
{
   int ReadValue = analogRead(MQPin) ;
   lcd.setCursor(5,1);
   lcd.print("           ") ;
   lcd.setCursor(5,1);
   lcd.print(ReadValue) ;
   lcd.print("/") ;
   lcd.print(((double)ReadValue/1024)*5) ;
   lcd.print(" V") ;
   delay(1000);
} // END Loop
```

程式下載：https://github.com/brucetsao/eGAS/

當然、如下圖所示，我們可以看到 MQ9 氣體感測模組測試程式結果畫面。

圖 32 MQ9 氣體感測模組測試程式結果畫面

章節小結

本章主要介紹之 Ameba 開發板使用與連接 MQ9 氣體感測模組，透過本章節的解說，相信讀者會對連接、使用 MQ9 氣體感測模組來量測氣體濃度，有更深入的了解與體認。

10

CHAPTER

MQ135 氣體感測器

    MQ135 氣體感測模組所使用的氣敏材料是在清潔空氣中電導率較低的二氧化錫($SnO2$)。當感測器所處環境中存在污染氣體時,感測器的電導率隨空氣中污染氣體濃度的增加而增大。使用簡單的電路即可將電導率的變化轉換為與該氣體濃度相對應的輸出信號。

    MQ135 氣體感測模組對氨氣、硫化物、苯系蒸汽的靈敏度高,對煙霧和其他有害的監測也很理想。MQ135 氣體感測模組可檢測多種有害氣體,是一款適合多種應用的低成本氣體感測模組。

氣體感測模組(MQ135)

    如下圖所示,MQ135 氣體感測模組對氨氣、硫化物、苯系蒸汽的靈敏度高,對煙霧和其他有害的監測也很理想。

圖 33 MQ135 氣體感測模組

測試氣體感測模組(MQ135)

    如下圖所示,這個實驗我們需要用到的實驗硬體有下圖.(a)的 Ameba

RTL8195AM 與下圖.(b) MicroUSB 下載線、下圖.(c) MQ135 氣體感測模組、下

圖.(d).LCD1602 液晶顯示器：

(a). Ameba RTL8195AM

(b). MicroUSB 下載線

(c). MQ135氣體感測模組

(d).LCD1602液晶顯示器(I2C)

圖 34 MQ135 氣體感測模組所需材料表

讀者可以參考下圖所示之 MQ135 氣體感測模組連接電路圖，進行電路組立。

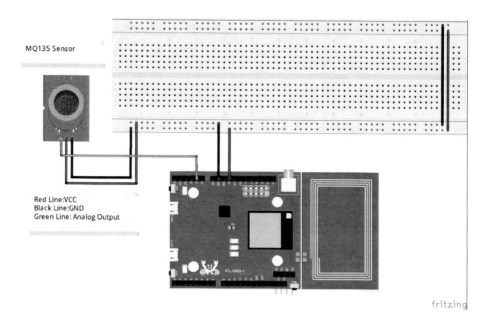

圖 35 MQ135 氣體感測模組連接電路圖

讀者也可以參考下表之腳位說明，進行電路組立。

表 22 MQ135 氣體感測模組接腳表

接腳	接腳說明	Ameba 開發板接腳
1	Vcc 接電源正極(5V)	Ameba +5V 接電源正極(5V)
2	GND 接電源負極	Ameba GND 接電源負極
3	Aout 類比信號輸出	Ameba Analog Pin 1(A1)
4	Dout TTL 開關信號輸出	Ameba Digital Pin 7

接腳	接腳說明	接腳名稱
1	Ground (0V)	接地 (0V) Ameba GND

接腳	接腳說明	Ameba 開發板接腳
2	Supply voltage; 5V (4.7V－5.3V)	電源 (+5V) Ameba +5V
3	SDA	Ameba SDA Pin
4	SCL	Ameba SCL Pin21

我們遵照前幾章所述，將 Ameba 開發板的驅動程式安裝好之後，我們打開 Ameba 開發板的開發工具：Sketch IDE 整合開發軟體(軟體下載請到：https://www.arduino.cc/en/Main/Software)，攢寫一段程式，如下表所示之 MQ135 氣體感測模組測試程式，讓 Ameba 讀取 MQ135 氣體感測模組的數值資料，並把 MQ135 氣體感測資料顯示在監控畫面與 LCD1602 液晶顯示器上。

表 23 MQ135 氣體感測模組測試程式

MQ135 氣體感測模組測試程式(MQ135)
#include <Wire.h>
#include <LiquidCrystal_I2C.h>
#define MQPin A1
#define MQName "MQ135"
// LCM1602 I2C LCD
LiquidCrystal_I2C lcd(0x27, 2, 1, 0, 4, 5, 6, 7, 3, POSITIVE);   // 設定 LCD I2C 位址
void setup()   /*----(SETUP: RUNS ONCE)----*/
{
lcd.begin(16, 2);   // 初始化 LCD，一行 20 的字元，共 4 行，預設開啟背

光
```
    lcd.backlight(); // 開啟背光

    lcd.setCursor ( 0, 0 );          // go to home
    lcd.print("MQ Series ");
    lcd.setCursor ( 0, 1 );          // go to the next line
    lcd.print (MQName);
    lcd.print (":");
    //delay ( 2000 );

    //lcd.clear();
}// END Setup

static int count=0;
void loop()
{
    int ReadValue = analogRead(MQPin) ;
    lcd.setCursor(6,1);
    lcd.print("          ") ;
    lcd.setCursor(6,1);
    lcd.print(ReadValue) ;
    lcd.print("/") ;
    lcd.print(((double)ReadValue/1024)*5) ;
    lcd.print(" V") ;
    delay(1000);
} // END Loop
```

程式下載：https://github.com/brucetsao/eGAS/

當然、如下圖所示，我們可以看到 MQ135 氣體感測模組測試程式結果畫面。

圖 36 MQ135 氣體感測模組測試程式結果畫面

章節小結

　　本章主要介紹之 Ameba 開發板使用與連接 MQ135 氣體感測模組，透過本章節的解說，相信讀者會對連接、使用 MQ135 氣體感測模組來量測氣體濃度，有更深入的了解與體認。

本書總結

　　筆者對於 Ameba RTL8195AM 開發板，也算是先驅使用者，更感謝原廠支持筆者寫作，更協助開發更多、有用的函式庫，感謝瑞昱科技的 Yves Hsu、Sean Chang、Teresa Liu，Weiting Yeh 等先進協助，筆者不勝感激，希望筆者可以推出更多的入門書籍給更多想要進入『Ameba RTL8195AM』、『物聯網』這個未來大趨勢，所有才有這個入門系列的產生。

　　本系列叢書的特色是一步一步教導大家使用更基礎的東西，來累積各位的基礎能力，讓 Makers 在物聯網浪潮中，可以拔的頭籌，所以本系列是一個永不結束的系列，只要更多的東西被製造出來，相信筆者會更衷心的希望與各位永遠在這條 Makers 路上與大家同行。

Ameba 程式教學 (MQ 氣體模組篇)
Ameba RTL8195AM Programming (MQ GAS Modules)

作　　者：曹永忠、許智誠、蔡英德

發 行 人：黃振庭

出 版 者：崧燁文化事業有限公司

發 行 者：崧燁文化事業有限公司

E-mail：sonbookservice@gmail.com

粉 絲 頁：https://www.facebook.com/
　　　　　sonbookss/

網　　址：https://sonbook.net/

地　　址：台北市中正區重慶南路一段六十一號八
　　　　　樓 815 室

Rm. 815, 8F., No.61, Sec. 1, Chongqing S. Rd.,
Zhongzheng Dist., Taipei City 100, Taiwan

電　　話：(02) 2370-3310

傳　　真：(02) 2388-1990

印　　刷：京峯彩色印刷有限公司（京峰數位）

律師顧問：廣華律師事務所 張珮琦律師

國家圖書館出版品預行編目資料

Ameba 程式教學 . MQ 氣體模組 篇 = Ameba RTL8195AM programming(MQ GAS modules) / 曹永忠 , 許智誠 , 蔡英德著 .-- 第一版 .-- 臺北市：崧燁文化事業有限公司 , 2022.03

　　面；　公分

POD 版

ISBN 978-626-332-066-6(平裝)

1.CST: 微電腦 2.CST: 電腦程式語言

471.516 111001380

官網

臉書

定　　價：240 元

發行日期：2022 年 03 月第一版

◎本書以 POD 印製